Bibliografische Information der Deutschen Nationalbibliothek:

Die Deutsche Bibliothek verzeichnet diese Publikation in der Deutschen National-
bibliografie; detaillierte bibliografische Daten sind im Internet über http://dnb.d-
nb.de/ abrufbar.

Impressum:

Copyright © 2014 GRIN Verlag, Open Publishing GmbH
Druck und Bindung: Books on Demand GmbH, Norderstedt Germany
ISBN: 9783668273412

Dieses Buch bei GRIN:

http://www.grin.com/de/e-book/335769/programmierter-zelltod-apoptose-einfach-
erklaert

Harris Maneka

Programmierter Zelltod. Apoptose, einfach erklärt

GRIN Verlag

Inhaltsverzeichnis:

1) Allgemeines

1.1 Historisches

Die Geschichte der Erforschung der Apoptose reicht bis in das zweite Jahrhundert n. Chr. zurück. Ein römischer Arzt namens Gelenus Galen (129-199) beschrieb, dass sich gewisse Strukturen des Herzens im Zuge der Ontogenese durch programmierten Zelltod (Apoptose) zurückbilden. In der Neuzeit gilt Vesalius im Jahre 1564 als erster Verfasser einer solchen Arbeit. Später, im 17. und 18. Jahrhundert, wurde eine Vielzahl von Werken die sich mit der Strukturveränderung des Herzens beschäftigen publiziert. Rathke entdeckte 1825, dass auch die Föten von Säugetieren in ihrer Entwicklung vorübergehend Kiemenbögen besitzen. Antoine Louis Dugès lieferte eine präzise Beschreibung der Metamorphose von Kaulquappen. Im Zuge der fortschreitenden Entwicklung der Zellenlehre im 19. Jahrhundert, beschäftigten sich Wissenschaftler wie Vogt weiter mit dem Absterben von Zellen in Verbindung mit der morphologischen Entwicklung von Organismen. Im späten 19. Jahrhundert beschäftigte man sich vor allem mit Zelltod im neuronalen Bereich. Alfred Glucksmann führte 1951 das Absterben von embryonalem Gewebe auf den Tod einzelner Zellen zurück. John Kerr, Andrew Wyllie und Alastair Currie beobachteten toxinbehandelte Leberzellen die eine ähnliche morphologische Erscheinung aufweisen wie absterbende Embryonalzellen und prägten schließlich den Begriff Apoptose. Der Begriff setzt sich aus zwei griechischen Wörtern, apo (weg) und ptosis (Fall), zusammen und soll an das Herabfallen des Herbstlaubes erinnern.

1.2 Definition und Auftreten von Apoptose

Der Prozess der Apoptose, auch programmierter oder physiologischer Zelltod genannt, beschreibt das kontrollierte und oft genetisch bedingte Absterben einzelner Zellen. Das Ergebnis ist der "saubere" Abbau und schließlich die Entsorgung der Zell . Der Vorgang der Apoptose ist in der Evolution wohl konserviert und kann in allen Zellen eines vielzelligen Organismus und selbst bei Einzellern auftreten.

Die Apoptose spielt in den Entwicklungsphasen von vielzelligen Organismen eine wichtige Rolle in denen das planmäßige Absterben von Zellen von großer Bedeutung ist. Das Ausmaß des Zelltods im tierischen Gewebe kann erstaunlich hoch sein. Überflüssige und unerwünschte Zellen werden während der Embryonalentwicklung durch programmierten Zelltod eliminiert, doch oft scheint es eine Verschwendung zu sein, wenn man der Tatsache ins Auge blickt, dass viele der beseitigten Zellen völlig Gesund und in Takt gewesen wären. Ein anschauliches Beispiel hierfür ist die Metamorphose der Kaulquappe zum Frosch, bei der der Schwanz der Kaulquappe apoptotisch beseitigt wird, da er beim adulten Tier unerwünscht wäre. Das Absterben der Haut zwischen den Fingern bei vielen Tieren, das maßgeblich für die Definition der Hände verantwortlich ist, wäre ein weiteres Beispiel. Auch bei der embryonalen Entwicklung und Ausbildung vom Zentralnervensystem muss eine Vielzahl der entstanden Neuronen durch Apoptose beseitigt werden um ein normales Gehirnwachstum zu gewährleisten. (Vgl. Eichhorst & Krammer 2003: 181ff)

Der programmierte Zelltod ist jedoch nicht nur in den Entwicklungsphasen eines Organismus essentiell. Auch die Gewebehomöostase (ein physiologischer Prozess, der für eine gleich bleibende Anzahl an Zellen in einem Organismus sorgt) wird von der Apoptose und von der Proliferation (Zellvermehrung) kontrolliert. Diese beiden Prozesse (Proliferation & Apoptose) werden von hemmenden und stimulierenden Faktoren reguliert, die in gelöster oder in gebundener Form wirken können. (Vgl. Jan Koolman 2003: 396)

Apoptose kommt auch z.B. im adulten Knochenmark des Menschen in äußerst hohen Raten vor. Dort werden sogenannte Neutrophile (eine Art weißer Blutkörperchen) gebildet. Eine große Anzahl von diesen Zellen stirbt durch Apoptose ohne jemals benötigt worden zu sein. Dieser Kreislauf mag nutzlos erscheinen, jedoch benötigt der Körper diese Reserve an kurzlebigen Neutrophilen, damit im Falle einer Infektion der Vorrat unverzüglich mobilisiert werden kann. (Vgl. Alberts et. al. 2011: 1263)

Zellen die durch Mutationen (z.B. Tumorzellen) oder virale Infektionen geschädigt sind werden durch Apoptose eliminiert um weitere Beschädigungen zu vermeiden. Der programmierte Zelltod ist durch einige morphologische Veränderungen gekennzeichnet: Veränderungen der Zellmembran, Schrumpfen des Nucleolus, Chromatin-Kondensation und durch Fragmentierung der DNA. Zudem lässt sich die Bildung von Membranvesikeln (sogenannte "Blebs") beobachten. Phagocytierende Zellen, wie z.B die Makrophagen, können apoptotische Zellen erkennen und sie durch Phagocytose entfernen, ohne dass es dabei zu Entzündungserscheinungen kommt. Tritt die Apoptose bei schadhaften Zellen nicht regelrecht ein, so kann dies zu einigen fehlerhaften Entwicklungen (unter anderem Krebs) führen.

1.3 Apoptose und Nekrose

Die Nekrose ist eine weitere Form des Zelltodes, die jedoch grundsätzlich von der Apoptose zu unterscheiden ist, da sie andere Eigenschaften aufweist. Nekrose wird zumeist durch physische oder chemische Schädigung von außen hervorgerufen. Optisch sind Apoptose und Nekrose unter dem Mikroskop leicht zu unterscheiden. Während es bei der Apoptose zum Schrumpfen und zum Abbau der DNA durch Endonukleasen in definierte Fragmente kommt, schwillt die Zelle bei der Nekrose an und die DNA löst sich auf und wird unkontrolliert (per Zufall) fragmentiert. Am Ende des Ausdehnungsprozesses Platz die Zelle und die Zellorganellen sowie Cytoplasma rinnen durch den Verlust der Membranintegrität (Beschädigung der Zellmembran) einfach in den Extrazellularraum aus, wo es anschließend (anders als bei der Apoptose) zu lokalen Entzündungsreaktionen kommt. Die Zellorganellen werden somit in kürzester Zeit zerstört und müssen anschließend durch Fresszellen endgültig aus dem Extrazellularraum beseitigt werden. Ein weiterer grundlegender Unterschied zwischen Apoptose und Nekrose ist die Tatsache, dass bei der Nekrose immer mehrere Zellen in einem Gewebe sterben, bei der Apoptose kommt es hingegen immer zum unabhängigen Tod einzelner Zellen. (Vgl. Koolman 2003: 396)

Unterschiede:

Apoptose	Nekrose
Chromatin Kondensation	Zellkern schwillt an
"Cell shrinkage"	Zelle schwillt an
Membran und Organellen bleiben intakt	Membran wird zerstört, Organellen platzen und Zellinhalttritt aus
kontrollierte DNA Fragmentierung	Entzündung

2) Caenorhabitis elegans als Modell

Die Entwicklungsbiologie lieferte erste genetische Grundlagen und Hinweise über Apoptose. Bei Untersuchungen des Fadenwurms *C. elegans* konnten mehrere Gene identifiziert werden, die entscheidende Funktionen im programmierten Zelltod inne haben. Von 1090 somatischen Zellen sterben während der Entwicklung des Wurms genau 131 von ihnendurch Apoptose. In jedem Embryo gehen hierbei exakt dieselben Zellen zugrunde. Drei Gene konnten durch Mutationsanalyse identifiziert werden, die in diesen Zellen die Apoptose regulieren. Die Gene ced-3 und ced-4 (ced = cell death defective) sind pro-apoptotisch und somit für die Ausführung des programmierten Zelltods wichtig, während ced-9 die beiden anderen hemmt und somit die Apoptose inhibiert. Später identifizierte man weitere Gene wie z.B. egl-1. Hierbei handelt es sich um ein Gen, das für das Apoptose-induzierende Protein EGL-1 codiert. Als man Analoge Proteine zu CED-3, CED-4, CED-9 und EGL-1 auch in Säugerzellen identifizieren konnte, wurde Caenorhabitis elegans zu einem Modellorganismus, um die Apoptosemechanismen zu erforschen.

Analogien von C. elegans-Proteinen zu Säugerproteinen:

- o Das CED-3 Protein dient als Caspase (Protein-spaltendes Enzym) und entspricht Caspase 9 in Säugerzellen.
- o Homolog zu dem Adapterprotein Apaf-1, das beim intrinsischen Signalweg in Säugerzellen das Cytochrom c bindet, ist beim Fadenwurm das CED-4.
- o Das CED-9 Protein weist Homologien zu den Apoptosehemmern der Bcl-2-Familie in Säugerzellen auf, wie z.B. Bcl-2 und Bcl-XL.
- o Das EGL-1 vom Fadenwurm hingegen ist wiederum Homolog zu den proapoptotischen Mitgliedern der Bcl-2-Familie, wie. z.B. Bax, Bak, Bad, Bim, Puma usw.. (Vgl. Ganten und Ruckpaul 2003: 182ff)

3) Steuerung, Regulation und apoptotische Signalwege

Die Apoptose ist ein äußerst komplexer Prozess, bei dem verschiedenste Proteine als "Akteure" Mechanismus der Apoptose eine essentielle Rolle spielen. Einige dieser "Akteure" sind Apoptose stimulierend, andere hemmen den Vorgang. Ob das Apoptosesignal stark genug ist und der Prozess schlussendlich in Gang gesetzt wird, hängt von dem Verhältnis zwischen den aktiven und inaktiven hemmenden und stimulierenden Stoffen ab. Man unterscheidet grundlegend und grob zwischen zwei verschiedene Signalwege (engl. Pathways) der Apoptose: Zum einen gibt es den rezeptorvermittelnden Weg, den sogenannten extrinsischen Weg (engl. "extrinsic pathway" oder "Typ1") bei dem die betroffene Zelle von einem extrazellulären Signalprotein, das an Todesrezeptoren bindet, zur Apoptose gebracht wird. Zum anderen gibt es den mitochondrialen Weg, den intrinsichen Weg (engl. "intrinsic pathway" oder "Typ2"), bei dem die Apoptose im Zellinneren ausgelöst wird. Die wichtigsten Regulatoren im Prozess des programmierten Zelltodes sind Proteinfamilien wie z.B die Caspase-Familie, Bcl2, IAPs und Genregulator-Proteine.

Die Caspasen

Die für die Apoptose verantwortliche intrazelluläre Maschinerie ist bei fast allen tierischen Zellen ähnlich. Die bedeutendsten Signalvermittler sind Cystein haltige Proteasen, die sich gegenseitig in bestimmter Reihenfolge, durch schneiden ihrer Zielproteine an spezifischen Asparaginsäuren, aktivieren.Aufgrund ihrer Eigenschaft nennt man diese Familie *"Caspasen"* (zusammengesetzt aus Cystein und Aspartat). In der Zelle werden Caspasen von inaktiven Vorläufern, den Procaspasen, synthetisiert. Dies geschieht durch proteolytische Spaltung an ein bis zwei spezifischen Asparaginsäuren der Zielproteine. Die Reaktion wird dabei von bereits aktivierten Caspasen katalysiert. Einmal aktivierte Caspasen schneiden und aktivieren weitere Procaspasen. Dadurch kommt es zu einer sich verstärkenden proteolytischen Kaskade, die das immer stärker werdende Apoptosesignal durch die Zelle leitet.

Doch nicht alle Caspasen vermitteln Apoptose. Das erste identifizierte Protein dieser Familie war das menschliche ICE (interleukin-1-cnverting enzyme), das an Entzündungsreaktionen beteiligt ist. Nach der Entdeckung von ICE konnte man zeigen, dass in *C. elegans* ein für die Apoptose erforderliches Gen für ein Protein codiert, das in Struktur und Funktion dem ICE stark ähnelt. Somit konnte man beweisen, dass Proteolyse und Caspasen maßgeblich am programmierten Zelltod beteiligt sind. Heute wissen wir, dass die meisten Caspasen an der Apoptose beteiligt sind und nur wenige von ihnen bei Immun-und Entzündungsreaktionen eine Rolle spielen.

Manche Prokaspasen wirken zu Beginn der proteolytischen Kaskade (z.B Caspase 8 & 10) und werden daher *Initiator-Procaspasen* genannt. Nach ihrer Aktivierung haben sie die Aufgabe sogenannte nachgelagerte *Effektor-Procaspasen* zu spalten und zu aktivieren, damit diese wiederum weitere Effektor-Procaspasen und weitere Zielproteine spalten und aktivieren und die Kaskade somit vorantreiben. Die Auslösung der einzelnen Caspasen nacheinander geschieht immer in bestimmter,festgelegter Reihenfolge (z.B. Caspase 8 aktiviert Caspase 3.) Kernlaminine gehören zu den Zielproteinen die von den aktivierten Effektor-Caspasen geschnitten werden. Diese Spaltung löst den irreversiblen Abbau der Kernlamina aus. Ein Protein das eine DNA-abbauende Endonuclease im inaktiven Zustand hält, ist ein weiteres Zielprotein, sowie auch Proteine des Cytoskellets und Zell-Adhäsionsproteine. Die Spaltung der beiden letzteren Gruppen tragen dazu bei, dass sich die Zelle von ihren Nachbarn löst und sich abrundet, um in späterer folge apoptotische Körperchen zu bilden. Diese "apoptotic bodies" (oder auch "blebs" genannt) werden in weiterer Folge durch Makrophagen phagozytotisch entsorgt, sozusagen verschlungen und "recycelt".

Je nach Art der Zelle und Reize variieren die zur Apoptose benötigten Caspasen in Auftreten und Reihenfolge, sowie in ihrer Zuständigkeit für die Aktivierung weiterer Zielproteinen und Effektor-Procaspasen. Procaspasen und weitere Proteine die bei der Apoptose essentiell sind werden von Beginn der Entwicklung eines Organismus gebildet und benötigt, somit ist die intrazelluläre maschinerie allzeit zur Apoptose gerüstet. Was noch benötigt wird ist ein Auslöser für die Initiator-Procaspasen um den programmierten Zelltod in Gang zu setzten. Dazu besitzen die Initiator-Procaspasen lange Prodomänen, sogenannte Caspase-Rekrutierungsdomänen (CARD, caspase recruitment domain), die die Initiator-Procaspasen dazu bringen, sich mit den Adapterproteinen (FADD, Fas associated death domain) zu Aktivierungskomplexen zu verbinden, wenn das Todessignal eintritt. Sobald solche Komplexe z.B. an den Fas-Todesrezeptoren gebildet werden, kommen sich die einzelnen Initiator-Procaspasen sehr nahe und spalten sich gegenseitig. Die aktivierten Initiator-Caspasen sind nun in der Lage weitere Effektor Caspasen auszulösen und die proteolytische Kaskade, schlussendlich die gesamte Apoptose in die Wege zu leiten und voranzutreiben. Die beiden Hauptsiganlwege (intrinsisch & extrinsisch) verwenden jeweils eigene Initiator-Procaspasen und eigene Aktivierungskomplexe. (Vgl. Jan Koolman 2003:396 & Vgl. Alberts et. al. 2011:1265 ff)

4) Der extrinsische Apoptoseweg

Sogenannte Todesrezeptoren die sich an der Zelloberfläche der Zielzelle befinden, binden mit extrazellulären Signalproteinen wie z.B mit dem Fas-Ligand eines Killerlymphozyten. Dadurch wird die Apoptose extrinsisch eingeleitet. Die Todesrezeptoren sind Transmembranproteine, das heißt sie stellen eine Verbindung zwischen Extrazellularraum und Zellinneren dar. Sie enthalten eine extrazellulare ligandenbindene Domäne, eine Transmembrandomäne und eine intrazelluläre Todesdomäne. Diese Todesrezeptoren zu denen unter anderem der Fas-Todesezeptor (auch CD95 genannt)und der TNFα-Rezeptor zählen, gehören der Familie der TNF-

Rezeptoren (Tumornekrosefakter-Rezeptoren) an. Bei den Todesrezeptoren handelt es sich um Homotrimere (Homotrimere = Moleküle mit drei identen Untereinheiten). Sie alle sind mit einander strukturell verwandt und gehören der TNF-Familie der Signalproteine an. Ein gutes Beispiel für die Auslösung des extrinsischen Signalweges, stellt die Bindung eines Fas-Liganden an den Fas Todesrezeptor der Zielzelle dar. Der Fas-Ligand befindet sich an der Zell-oberfläche eines cytotoxischen Killerlymphozyten, der durch die Bindung mit dem Fas Rezeptor z.B. bei einer viral infizierten Zelle den programmierten Zelltod induziert. Wird die intra-zelluläre Todesdomäne, also die Domäne im inneren der Zielzelle, durch diese Bindung akti-viert, rekrutiert dieser "cytosolische Schwanz" auf jedes Protein ein intrazelluläres Adapter-protein namens FADD (Fas associated death domain). Jedes einzelne dieser FADD rekrutiert in weiterer Folge eine Initiator-Procaspase (Procaspase 8, Procaspase 10 oder beide); hierbei entsteht ein sogenannter todesinduzierender Signalkomplex, kurz DISC (death-inducing signal complex). Sobald der DISC aufgebaut ist, aktivieren sich die Initiator-Caspasen gegenseitig und schneiden sich sofort, damit die aktivierte Protease, die nun eine Caspase ist, stabilisiert wird. Anschließend die Initiator-Caspase weitere Effektor-Procaspasen, die (wie wir schon wissen) wiederum weitere Effektor-Procaspasen und andere Zielproteine aktivieren, um die proteolytische Kaskade voranzutreiben. In gewissen Zellen reicht das extrinsisch induzierte Apoptosesignal nicht für die Tötung der Zelle aus, deswegen wird im Zuge einer Verstärkung der Caspase-Kaskade zusätzlich der intrinsische Weg rekrutiert.

Hemmer des extrinsischen Signals

Sehr häufig treten in Zellen hemmende Proteine auf, die das Todessignal in die Schranken weisen. Manchmal bilden Zellen Scheinrezeptoren an der Oberfläche, die dem Fas-Todesre-zeptor ähneln, da sie den Fas-Liganden binden, jedoch besitzen diese Scheinrezeptoren keine cytosolische Todesdomäne. Das bedeutet, dass das extrinsisch induzierte Signal nicht in die Zelle gelangt und daher auch keine Adapterproteine rekrutiert werden. Somit kommt es durch Scheinrezeptoren zu einer kompetitiven Hemmung der Todesrezeptoren und des Ge-sammten apoptotischen Signals. Intrazelluläre Blockadeproteine wie z.B. das FLIP, ähneln den Initiator-Procaspasen in ihrer Struktur, jedoch fehlt die proteolytische Domäne, die maßgeb-lich an der Signalweiterleitung verantwortlich ist; das bedeutet wiederum, dass das FLIP an den Bindungsstellen des todesinduzierenden Signalkomplex (Disc, death-inducing signal com-plex) mit den Initiator-Procaspasen 8 & 10 konkurriert und somit das Apoptosesignal schwächt. Diese Hemmmechanismen tragen dazu bei, dass die Apoptose nicht unangebracht durch extrazelluläre Signale eingeleitet werden kann.

Es kann vorkommen, dass Todesrezeptoren andere intrazelluläre Signalwege, abseits den apoptotischen, aktivieren. TNF-Rezeptoren können auch den NF-κB-Weg induzieren, der z.B. Gene aktiviert, die an Entzündungsreaktionen teil haben und das Überleben der Zelle fördert. Welches Signal aktiviert wird, hängt von dem Zelltyp und von anderen einwirkenden Signalen ab.

5) Der mitochondriale, intrinsische Signalweg

Bei Verletzungen der Zelle, DNA-Schäden, Nährstoff-und/oder Sauerstoffmangel oder einem mangel an extrazellulären Überlebensfaktoren (survival factors & growth factors), kann der programmierte Zelltod auch innerhalb der Zelle in die Wege geleitet werden. Solch intrazelluläre Einleitung der Apoptose wird intrinsischer Signalweg genannt und geht von den Mitochondrien aus, (daher auch mitochondrialer Signalweg genannt). Im Intermembranraum der Mitochondrien befinden sich pro-apoptotische Mitochondrienproteine, die nach dem Einwirken eines oben genannten Apoptosestimulus ins Cytosol freigesetzt wird. Die Freisetzung der Proteine kann anschließend durch aktivieren weiterer Zielproteine (Adapterproteine) eine protealytische Caspase-Kaskade herbeirufen.

Eine Entscheidende Rolle spielt das Protein Cytochrom c , das aus den Mitochondrien nach Einwirken von Apoptosestimuli freigesetzt wird. Cytochrom c ist ein wasserlöslicher Bestandteil der Elektronen-Transportkette in Mitochondrien. Wird es jedoch beim intrinsischen Signalweg ins Cytosol freigesetzt spielt es eine komplett andere Rolle: Es bindet an ein Adapterprotein namens Apaf1 (apoptotic-proteaseactivating factor-1). Diese Bindung veranlasst das Apaf1 dazu, sein gebundenes dATP zu dADP zu hydrolysieren. Dieser Austausch von dADP gegen dATP oder ATP regt den Cytochrom c-Apaf1-Komplex an; Er oligomerisiert zu einem heptameren Apoptosom, das in weiterer Folge über eine sogenannte Caspase-Rekrutierungsdomäne (CARD) des Apaf1, in jedem Protein nochmals Proaspase-9 rekrutiert. Die Procaspase-9 Moleküle werden anschließend innerhalb des Apoptosoms auf gleiche Art wie Procaspase-8 und Procaspase-10 im Disc, aktiviert und sind nun als Caspase-9 dazu fähig, nachgelagerte Effektor-Procaspasen, wie z.B. Effektor-Procaspase-3 zu spalten und zu aktivieren.

Somit wird auf intrinsischem Signalwege eine proteolytische Caspase-Kaskade hervorgerufen die zur Apoptose führt.

Wie zuvor kurz angeführt, ist es in manchen Zellen von Nöten, dass der eingeleitete extrinsische Signalweg den intrinsischen Signalweg zusätzlich rekrutiert um die Zelle "zur Strecke zu bringen". Dabei spielt die Aktivierung eines Angehörigen der Bcl2-Proteinfamilie eine zentrale Rolle.

Die Bcl2-Proteinfamilie als Regulator des intrinsischen Signalwegs

Damit sich eine Zelle dem Selbstmordprogramm nur dann unterzieht, wenn es wirklich nötig und angebracht ist, gibt es verschiedene intrazelluläre Regulatoren, die jedoch nicht sowohl proapoptotisch als auch hemmend wirken. Die Bcl2-Familie ist eine der bedeutendsten Regulatoren und ist gleich wie die Caspase-Familie in der Evolution wohl konserviert. So ist es z.B aufgrund von Homologien und Analogien möglich ein menschliches Bcl2-Protein in den Fadenwurm *Caenorhabitis elegans* zu exprimieren und dadurch die Apoptose zu unterdrücken.

Die Bcl2-Familie ist vor allem für die Steuerung des intrinsischen Signalweges von großer Bedeutung, da sie für die Regulierung der Freisetzung des Cytochrom c und anderer mitochondrialen Intermembranproteine, verantwortlich sind. Manche Proteine der Bcl2-Familie sind proapoptotischweil sie die Freisetzung förder, andere wirken antiapoptotisch und hemmen den Prozess, da sie die Freisetzung blockieren. Die verschiedenen pro-und antiapoptotischen Bcl2-Proteine können untereinander in verschiedenen Kombinationen aneinander binden, um Heterodimere zu bilden, in denen sich die beiden Untereinheiten gegenseitig in ihrer Funktion hemmen. Das Gleichgewicht der Aktivität zwischen den beiden Bcl2-Funktionsklassen entscheidet, ob ein intrinsischer Signalweg in Gang gesetzt wird.

Die antiapoptotische Bcl2-Proteine, darunter das Namensgebende Mitglied "Bcl2" und Bcl-X$_L$ besitzen vier charakteristische Homologie (BH)-Domänen (BH 1 bis 4). Die beiden Unterfamilien der Bcl2-Proteine namens Multidomain oder BH123 sowie die BH3-only-Proteine besitzen im Gegensatz zu Bcl2 kein BH4. Die beiden wichtigsten BH123-Proteine sind Bak und Bax. Sie sind den anti-apoptotischen Proteinen in ihrer Struktur ähnlich jedoch fählt die BH4-Domäne. Die BH3-only-Proteine haben ausschließlich in der BH3-Domäne eine Sequenzhomologie zu Bcl2. Die gesamte Bcl2-Familie trägt die BH3-Domäne in sich, somit sind die BH3-Proteine die direkten Vermittler der Wechselwirkungen zwischen pro- und antiapoptotischen Familienmitgliedern.

Wird der intrinsische Signalweg durch einen Apoptosestimulus ausgelöst,so werden die BH123-Proteine aktiviert und Verbinden in der äußeren Mitochondrienmembran zu Oligomeren; Dies löst die Freisetzung von Cytochrom c und anderenmitochondrialen Intermembranproteinen ins Cytosol aus. Bak und Bax sind hierbei die wichtigsten BH123-Proteine in Säugerzellen und mindestens eins von ihnen ist erforderlich um den intrinsischen Signalweg einzuleiten. Zellen die durch Mutationen keine dieser beiden BH123-Proteine in sich tragen, sind gegen alle proapoptotischen Signale resistent und können somit keinen intrinsischen Weg rekrutieren. Bax sitzt hauptsächlich im Cytosol und verlagert sich nach Erhalten eines Todessignals an die mitochondriale Außenmembran, Bak hingegen selbst in Abwesenheit eines Apoptosesignals fest an die äußere Mitochondrienmembran gebunden ist. Die Aktivierung von Bak und Bax hängt wiederum von aktivierten BH3-only Proteinen ab. Bak und Bax arbeiten auch an der Oberfläche des Endoplasmatischen Reticulums (ER) und auf der Kernhülle. Man vermutet, dass die BH123-Proteine als Reaktion auf ER-Stress aktiviert werden und Ca^{2+} ins Cytosol freisetzten. Das trägt über einen noch kaum erforschten Mechanismus dazu bei den mitochondrienabhängigen Apoptoseweg einzuleiten.

Die antiapoptotische Bcl2-Proteine wie Bcl2 und Bcl-X$_L$ befinden sich ebenfalls größtenteils auf der cytosolischen Oberfläche der äußeren Mitochondrienmembran, sowie auf der Außenmembran vom Endoplasmatischen Reticulum und des Zellkerns. Dort helfen die Bcl2-Proteine mit, die Intergrität der Membran intakt zu halten und somit das Ausdringen von Intermembranproteinen aus den Mitochondrien und Ca^{2+} aus dem Endoplasmatischen Reticulum zu verhindern. Die antiapoptotischen Bcl2-Proteine hemmen die Apoptose größtenteils durch Bindung und Hemmung der proapoptotischen Bcl2-Proteinen auf den Membranen der genannten Organellen oder im Cytosol. Auf der äußeren Mitochondrienmembran wird z.B das proapoptotische Bak von antiapoptotischen Bcl2-Proteinen gebunden. Somit wird die Oligomerisierung von Bak verhindert und die Freisetzung des Cytochrom c und anderer Proteine aus dem Intermembranraum gehemmt. In Säugerzellen gibt es mindestens fünf antiapoptotische Bcl2-Proteine, wobei zumindest eines von ihnen überlebensnotwendig ist. Um den intrinsischen Apoptoseweg einzuleiten, muss die Anzahl der aktiven antiapoptotischen Bcl2-Proteine gehemmt werden; diese Hemmung wird von den BH3-only-Proteinen vermittelt.

Die Größte Subklasse der Bcl2-Familie stellen die BH3-only-Proteine dar. Sie werden von der Zelle als Antwort auf einen Apoptosestimulus produziert und aktiviert und man vermutet, dass ihre apoptosefördernde Aufgabe größtenteils darin liegt, antiapoptotische Bcl2-Proteine zu hemmen. Die Aktivität der antiapoptotischen Bcl2-Proteine, kann durch die Bindung der BH3-Domäne von BH3-only Proteinen an eine hydrophobe Furche der apoptsehemmenden Bcl2-Proteine gehemmt werden. Durch die Inaktivierung der antiapoptotischen Bcl2-Proteine wird die Aggregation von Bak und Bax auf der äußeren Mitochndrienmembran über einen kaum erforschten Mechanismus ausgelöst. Die Aggregation der proapoptotischen BH123-Proteine auf der cytosolischen Mitochondrienmembran sorgt wiederum für die Freisetzung der proapoptotischen Intermembranproteinen aus den Mitochondrien. Manche BH3-only-Proteine aktivieren die BH123-Proteine direkt und kurbeln deren Aggregation auf der äuße-ren Mitochondrienmembran an, um für die Freisetzung der proapoptotischen Intermembran-proteine zu sorgen.

Die BH3-only-Proteinen dienen als Überbrückung zwischen Apoptosestimulus und intrinsi-schen Signalweg, wobei unterschiedliche Stimuli verschiedene BH3-only-Proteine aktivieren. Entzieht man einer Zelle z.B. seine extrazellulären Überlebenssignale, so aktiviert ein von der MAP-Kinase "JNK" abhängiger intrazellulärer Signalweg die Transkription des Gens, das für dad BH3-only-Protein Bim codiert. das produzierte Bim kurbelt in weiterer Folge den intrinsi-schen Signalweg an. Als Reaktion auf einen nicht zu reperierenden DNA-Schaden sammelt sich in ganz ähnlicher Weise das Tumorsurpressorprotein p53 und aktiviert die Transkription der Gene die für die proapoptotischen BH3-only Proteine Puma und Noxa codieren. Diese beiden Proteine kurbeln anschließend den intrinsischen Signalweg an, indem sie antiapopto-tische Bcl2-Proteine hemmen.

Der extrinsische Signalweg rekrutiert in gewissen Zellen und Fällen den intrinsischen Signal-weg, um die proteolytische Caspase-Kaskade zu verstärken. Das proapoptotische BH3-only-Protein verbindet den extrinsischen und den intrinsischen Signalweg. Wird der extrinsische Signalweg durch Todesrezeptoren induziert, so schneidet die aktivierte Initiator-Caspase (Caspase 8) das BH3-only-Protein Bid und erzeugt dadurch eine verkürzte Form von Bid, tBid (truncated Bid) genannt. Das tBid rekrutiert den intrinsischen Signalweg indem es zu den Mitochondrien wandert wo es die Aggregation der proapoptotischen BH123-Proteine fördert und die antiapoptotischen Bcl2-Proteine hemmt, um für die Freisetzung von Cytochrom c und anderen Intermembranproteinen zu sorgen.

Die proapoptotischen BH3-only-Proteine Bid, Bim und Puma sind dazu in der Lage alle antiapoptotischen Bcl2-Proteine zu hemmen. Andere BH3-only-Proteine sind hingegen lediglich in der Lage kleine Untergruppen der antiapoptotischen Bcl2-Proteine zu hemmen. Bid, Bim und Puma können somit als die wirksamsten Proteine in der Bcl2-Subfamilie, BH3-only, betrachtet werden. Doch nicht nur Bcl2-Proteine dienen als intrazelluläre Apoptoseregulatoren. Die IAP-Proteine (inhibitor of apoptosis) spielen zusätzlich eine zentrale Rolle in der Unterdrückung von Apoptose.

6) Die IAPs

Apoptosehemmer (IAPs, inhibitors of apoptosis) wurden erstmals in den Baculovieren (Insektenvieren) identifiziert. Sie codieren für IAP-Proteine die die infizierte Zelle davon abhalten, sich selbst mit dem programmierten Zelltod zu beseitigen. Somit ist es der virusinfizierten Zelle nicht möglich, das Replizieren des Virus zu verhindern. Im laufe der Forschung hat man herausgefunden, dass die meisten tierischen Zellen IAP-Proteine bilden um die Apoptose zu regulieren.

Allgemein besitzen IAPs mindestens eine BIR (baculovirus IAP-repeat)-Domäne die es ihnen ermöglicht, aktivierte Caspasen zu binden und zu hemmen. Sie ist die funktionell bedeutendste Domäne und ist ein etwa 70 Aminosäuren langes Motiv, dass in der Lage ist Zinkionen zu komplexieren. Es gibt IAPs die durch Polyubiquitinierung die Caspasen für den Abbau durch Proteasomen markieren. Dieser Mechanismus stellt eine Hemmschwelle dar, die von Caspase-Kaskade überwunden werden muss, um die Apoptose auszulösen.

In Drosphila lässt sich diese durch IAPs aufgebaute Hemmschwelle mit anti-IAP-Proteinen, die als Reaktion auf Apoptosestimuli produziert werden, neutralisieren. Fünf anti-IAPs sind bei Fliegen bekannt, darunter sind Grim, Reaper und Hid. Ihre strukturelle Ähnlichkeit liegt im N-terminalen, IAP-bindenden Motiv, das an die BIR-Domänen der IAPs bindet und dadurch verhindert, dass sich die Domäne an die Caspase bindet. Löscht man die drei Gene die für Grim,

Reaper und Hid codieren, so wird die Apoptose in Fliegen blockiert. Die Inaktivierung der Gene in Drosophila, die für IAPs codieren, löst hingegen die Apoptose in allen Zellen des Fliegenembryos aus. Daraus wird der Schluss gezogen, dass das Gleichgewicht zwischen IAPs und anti-IAPs streng geregelt und wichtig für die Regulierung der Apoptose sein muss.

Bei Säugetieren hingegen, ist die Rolle der anti-IAPs undurchsichtiger. Hier werden die anti-IAPs aus dem Intermembranraum der Mitochondrien freigesetzt und blockieren die IAPs, wenn der intrinsische Signalweg in Gang gesetzt wird. Dies hilft IAPs im Cytosol zu blockieren und die Apoptose zu fördern. Werden jedoch in Mauszellen die beiden Gene Smac und Omi, die für anti-IAPs in Säugern codieren, inaktiviert, so ist die Apoptose nicht beeinträchtigt. Diese Tatsache stellt die Forscher vor ein Rätsel bezüglich der genauen Funktion von anti-IAPs in Säugerzellen.

Die kombinierte Aktivität von Bcl2 und IAPs bestimmt über die Sensibilität einer Zelle gegenüber einem proapoptotischen Reiz. In Säugern sind Bcl2 und in Fliegen (Insekten) die IAPs und anti-IAPs vorherrschend. (Vgl. Ganten &Ruckpaul 2003:193ff)

7) Extrazelluläre Signale

Extrazelluläre Signale stellen die Kommunikation zwischen Zellen dar und sind somit überlebensnotwendig für Zellen. Die Zellen sollen überleben, wenn sie gebraucht werden und sterben, wenn sie überflüssig und kontraproduktiv für den Organismus geworden sind. Es gibt Apoptose hemmende und stimulierende Signalmoleküle, wobei Apoptose stimulierende Signale gerade in der Entwicklung eines Organismus in hohen Raten vorkommen.

Überlebensfaktoren

Fast alle Zellen benötigen ständig von anderen Zellen Signale, damit sie sich nicht der Apoptose unterziehen. Dies führt dazu, dass Zellen nur dann überleben, wenn sie kommunizieren und gebraucht werden. In der embryonalen Entwicklung des Nervensystems werden beispielsweise überschüssig viele Neuronen produziert, die anschließend um die Überlebenssignale ihrer Zielzellen konkurrieren müssen, um nicht vom programmierten Zelltod ereilt zu werden. Man vermutet, dass auf diese Art und Weise die Zellzahl in Geweben Reguliert wird, nicht nur im embryonalen Stadion, sondern auch während der Gewebehomöostase im adulten Organismus.

Überlebensfaktoren binden an Zelloberflächlichen Rezeptoren die im Inneren der Zelle Signalwege induzieren, die die Apoptose hemmen. Zumeist geschieht das durch Anregung der Bildung von antiapoptotischen Bcl2-Proteinenwie z.B Bcl2 oder Bcl-X$_L$. Andere Überlebensfaktoren hemmen hingegen proapoptotische BH3-only-Proteine wie z.B. Bad. In Fliegen werden anti-IAPs inaktiviert, damit s ungehemmt die Apoptose inhibieren.

Entzieht man Säugerzellen die Überlebensfaktoren, so bilden sie proapototische BH3-only-Proteine, die anschließend die antiapoptotischen Bcl2-Proteine hemmen und den schen Signalweg rekrutieren.

8) Apoptose in Bezug auf Krankheiten

Bei vielen Viren, Autoimmunerkrankungen, neurodegenerativen Erkrankungen und bei Krebs spielen die Mechanismen von der Apoptose eine zentrale Rolle. Krankheiten wie z.B.Krebs gehen mit dem Ausbleiben von Apoptose einher. Somit vermehrt sich die mutierte Zelle unkontrolliert und schädigt der gesundheit des Organismus. Einige Viren besitzen Gene, die für die Produktion von antiapoptotischen Proteinen codieren, damit sie ihre DNA im Zuge der ausbleibenden Apoptose der Wirtzelle ungestört reproduzieren können. Bei geschätzten 50% aller Krebserkrankungen, mutiert das für das Tumorsuppressorprotein p53 codierende Gen so, dass nach einem gefährlichen und irreperablen DNA-Schaden weder die Apoptose eintritt noch die Zellteilung gestoppt wird. Auf diese Art und weise häufen sich bei Krebs Mutation in Zellen an, die die Krankheit zumeist noch bösartiger machen. Eine Vielzahl der Krebsmedikamente versucht Apoptose über einen Mechanismus zu induzieren, der von p53 abhängig ist, jedoch sind die Krebszellen mit Genmutationen an p53 gegenüber diesen Medikamenten unempfindlich. Im Zuge der Krankheitserforschung und Medikamentenentwicklung, wird viel Geld (zumeist durch Pharmakonzerne) in die Erforschung der Apoptose gesteckt, um zukünftig über bessere Behandlungsmethoden zu verfügen.

Literaturverzeichnis:

D. Ganten und K. Ruckpaul 2003: Grundlagen der molekularen Medizin. 181- 193

Eduard Passarge 2008: Taschenatlas der Humangenetik. 78-79

Alberts et. al. 2011: Molekularbiologie der Zelle. 1262-1270, 1273

Jan Koolman 2003: Taschenatlas der Biochemie. 396-399

Kuchino & W.E.G. 1996: Apoptosis

C. Alonso 2004: Viruses and Apoptosis

BEI GRIN MACHT SICH IHR WISSEN BEZAHLT

- Wir veröffentlichen Ihre Hausarbeit, Bachelor- und Masterarbeit

- Ihr eigenes eBook und Buch - weltweit in allen wichtigen Shops

- Verdienen Sie an jedem Verkauf

Jetzt bei www.GRIN.com hochladen und kostenlos publizieren